Außer dem vorliegenden Vortrag ist bereits erschienen:

Prof. Dr. **Karl Rathgen**, Deutschland, die Weltmächte und der Krieg. Preis 50 Pfennig.

In Aussicht genommen sind vorläufig noch folgende Vorträge:

Geh. Reg.-Rat Prof. Dr. **Max Lenz**, Die neuen Problemstellungen für die deutsche Politik.

Prof. Dr. **Conrad Borchling**, Das belgische Problem.

Prof. Dr. **Otto Franke**, Deutschland und England in Ostasien.

Prof. Dr. **Friedrich Keutgen**, Britische Reichsprobleme und der Krieg.

Prof. Dr. **Karl Florenz**, Japan und der Westen.

Prof. D. **Carl Meinhof**, Deutsche Erziehung.

# Deutsche Vorträge Hamburgischer Professoren

2.

Wilhelm Dibelius

# England und Wir

2. Oktober 1914

Hamburg
L. Friederichsen & Co.
(Dr. L. u. R. Friederichsen)
1914

Preis 50 Pfennig

Der Reinertrag ist für die Hamburgische Kriegshilfe bestimmt

## 1.

Von all den großen Umwandlungen, die der Krieg gebracht hat, ist keine einschneidender und keine erschütternder gewesen, als der plötzliche Wandel unserer Beziehungen zu England. Jahrelang haben wir mit englischen Staatsmännern, Kaufleuten, Industriellen, Geistlichen, Gelehrten und Arbeitern Sympathiekundgebungen ausgetauscht. Wir haben es hören dürfen, daß ein Krieg zwischen England und Deutschland ein Verbrechen gegen die Zivilisation bedeuten würde; seit Jahren arbeiten englische und deutsche Staatsmänner an einem politischen Ausgleich der Interessen in Afrika und Vorderasien, und Anfang Juli schien das Werk kurz vor dem Abschluß zu stehn und das Gespenst eines deutsch-englischen Krieges schien endgültig gebannt zu sein. Aber dann kam das österreichische Ultimatum an Serbien und eine Woche später war der Weltkrieg da. Und keiner der drei oder vier Nationen, die Deutschland bekämpfen, stehen wir heute mit so ehrlichem Zorn, ja, fast möchte ich sagen, mit solcher Verachtung gegenüber, wie England. Wir verstehen es bis zu einem gewissen Grade, daß Frankreich den alten Traum von Elsaß-Lothringen immer noch nicht ausgeträumt hat, wir können uns auch in Rußlands panslawistische Ideale zur Not hineindenken, und neben all den Scheußlichkeiten des Volkskrieges in Belgien hat der Widerstand des kleinen belgischen Heeres gegen die unendlich überlegenen Massen der Deutschen doch etwas heroisches, das immer, auch wenn es vom Gegner kommt, in der deutschen Brust einen Widerhall weckt. Was wir aber nicht verstehen können, das ist die Haltung Englands. Das Land, das im Jahre 1807 mitten im Frieden die dänische Flotte weggenommen hat, das Ägypten besetzt hält und trotz aller Versprechungen der Vergangenheit nicht zu räumen gedenkt, das im Jahre 1906 selbst über ein kombiniertes französisch-englisches Einrücken in Belgien verhandelte, hat wahrhaftig kein Recht, sich als selbstloser Schützer der neutralen Staaten zu gebärden. Wir durften von England verlangen, daß es anderen Staaten gegenüber dasselbe Verständnis für die Erfordernisse außerordentlicher Kriegslagen zeigen würde, das es nicht ohne innere Berechtigung für sich selbst so oft in Anspruch genommen hat. Jeder, der ein wenig politische Urteilskraft besitzt, weiß heute, daß die Verletzung der belgischen Neutralität höchstens die willkommene Veranlassung, nicht aber der Grund zum Kriege gewesen ist. England hat den Kampf seit Jahren vorbereitet. Es hat den Krieg geschürt mit den diplomatischen Reisen seines geschäftigen Königs, die Frankreichs Rachedurst an England ketteten, Rußlands Tatendrang vom verlorenen Port Arthur nach der türkischen Zukunftshoffnung lenkten, Italien vom Dreibund absprengten und selbst Österreich zu umgarnen versuchten. Es hat ihn vorbereitet mit den feinen Schachzügen seiner Botschafter, die überall vor dem deutschen Betätigungsdrange unsichtbare Mauern bauten, die jeder Eisenbahn, jeder Rüstungslieferung, jedem elektrischen Unternehmen, jeder Anleihe aus deutschen Banken unübersteigliche Hindernisse entgegenzutürmen suchten. Es hat ihn geschürt mit den systematischen Falschmeldungen seiner Kabel; überall haben sie die Furcht vor deutschen Annexionsgelüsten genährt, aus jedem Rippenstoß eines grobschlächtigen Unteroffiziers eine schaurige Moritat gemacht, die Gesundheit und Zahlungsfähigkeit unseres Bankwesens angezweifelt, die Leistungen unserer Industrie verdunkelt. Überall haben seine Zeitungen die Angst vor der unerträglichen Überhebung des im Grunde doch verächtlichen und schwachen militaristischen Kolosses in Zentraleuropa genährt, auf dessen Zusammenbruch Europa zu hoffen begann als die Vorbedingung einer neuen Kulturepoche. Das sollte nicht zum Kriege führen, gewiß nicht! Man strebte danach, Deutschland einzukreisen, es derartig mit Gegnern zu umstellen, daß es kampflos kapitulieren mußte, wie 1850 bei Olmütz. In der Marokkokrisis war das Ziel schon fast erreicht, jetzt war die letzte, die entscheidende Gelegenheit. Das edle Serbenvolk verlangte für seinen einzigen heimischen Industrieartikel, den Königsmord, nun auch das Recht des freien, unbeschränkten Exports. Das sollte Deutschland anerkennen und seinen einzigen noch treuen Verbündeten damit ins Lager des Gegners treiben oder ihn für alle Zeiten als Großmacht ausschalten lassen — und sich selbst dazu. Die englische Einkreisungspolitik hatte das Wild umstellt. Aber es setzte sich zur Wehr und wir haben den Krieg.

Es ist ein Krieg, bei dem es für uns um alles geht, um unsere Existenz als freie Nation, als unabhängige Weltmacht, und wir handeln danach. Bei uns ist keine Familie, die nicht um einen oder mehrere ihrer Angehörigen auf dem Schlachtfelde bangt, und nach den schwarzumränderten Anzeigen mit dem eisernen Kreuz in unseren Zeitungen, nach den immer bedrohlicher anschwellenden Verlustlisten greift in Deutschland jede Hand mit stillem Bangen. Vom Kaiser, dessen Söhne selbstverständlich mit in der Front stehen, bis zum letzten Tagelöhner ist jeder bereit, die Folgen dieses Krieges auf sich zu nehmen. Drei oder vier Millionen ausgebildeter Streiter stehen in der Front oder zum Ausmarsch bereit, dahinter vielleicht noch eine Million, die sich zu Werken der Fürsorge für die Krieger und die Zurückgebliebenen erboten hat. Wir sehen mit freudigem Staunen, wie jeder Eisenbahnwagen und jedes Pferd, jedes Automobil, jedes Fahrrad und jeder Sack Mehl, den das Land besitzt, auch in irgend einer Form für den Krieg oder die Fürsorge gegen die Folgen des Krieges nutzbar gemacht wird, daß tatsächlich die gesamte konzentrierte Kraft eines Volkes von 65 Millionen im Felde steht. Und was tut England? Wo ist die hohe Blüte seiner Kultur, wo sind die vornehmen Gentlemen von den herrlichen Landsitzen und den wohlgepflegten Sportplätzen? Sind die 200000 Söldner, die man nach Frankreich geschickt hat, wirklich die Kraft des gesamten England? Kann England wirklich nicht mehr, als eine Macht nach der andern zum Kriege mit Deutschland zu verlocken, auf neutralen Schiffen fern vom Kampfplatz deutsche Postsäcke zu vernichten, deutsche Hilfskreuzer in den Grund zu bohren, wehrlose Kolonialstädte zu beschießen und die gelbe Rasse in Ostasien gegen Deutschland zu hetzen? Überall auf der Welt blitzen nicht die englischen Schiffskanonen, sondern die englischen Funkenstationen, nicht Granaten regnen in deutsche Schiffe, sondern das Gift der Lüge spritzt in die Presse des Auslandes. Allen Völkern der Welt wird verkündet, daß im Herzen Europas der neue Napoleon aufgestanden ist, dessen eiserne Grenadiere die Neutralität der kleinen Staaten zertreten, und gegen dessen Cäsarische Machtgelüste die europäischen Kulturvölker sich wappnen müssen. Aber gegen diese angeblichen neuen Bedroher der heiligsten Güter Europas tut England selbst vorläufig weniger als alle anderen; es sucht den Großen zu bekämpfen durch die Kleinen, den Zwingherrn Europas durch die halbzivilisierten Truppen Asiens und Frankreichs Hilfsvölker aus Marokko. Für deutsche Begriffe ist das kein Krieg mit ehrlichen Waffen, kein Krieg würdig der Nation, die uns einen Shakespeare gab, die unsere moderne Industrie schuf, die drei Erdteile der Kultur erschlossen hat. Nicht der Krieg selbst, sondern die Art, wie er vorbereitet wurde und geführt wird, hat in Deutschland den ehrlichen Zorn erregt, der überall emporflammt, wo deutsche Soldaten den englischen Söldnern begegnen. Alle selbstlosen Versuche der letzten Jahre, ein gegenseitiges inneres Verhältnis unserer Nationen anzubahnen, sind fürs erste wieder vernichtet.

## 2.

Unter diesen Umständen hat der Vertreter des Englischen heute vor Ihnen einen schweren Stand. Und noch andere Schwierigkeiten beschränken ihm das Wort. Sie wollen von ihm vielleicht wissen, wie es zu diesem Kriege gekommen ist, wie die politischen Ereignisse von dem ersten deutschen Flottengesetz und von der Thronbesteigung Eduards VII. bis zu diesem Kriege sich gestaltet haben. Aber selbst wenn er dazu kompetent wäre, zu solchen Erörterungen ist jetzt nicht die Zeit. Jetzt, wo wir mit aller Energie in die Zukunft blicken müssen, ist es nicht angebracht, Fragen der Vergangenheit zu erörtern, die — das ist gar nicht zu leugnen — auch für uns nicht immer bequem sind. So lange die Geschütze donnern und der große Gottesfriede in Deutschland herrscht, schweigt die Kritik. Wer aber nicht kritisieren darf und nicht kritisieren will, dem glaubt man auch da nicht recht, wo er aus voller Überzeugung seinem Volke zu seiner Politik Glück wünschen muß. Leichter ist es heute, eine Frage zu behandeln, die auch in jenem anderen Zusammenhange immer wieder gestreift werden müßte. Wie kommt es eigentlich, daß wir, England und Deutschland, trotz aller ehrlichen — ich betone es nochmals, ehrlichen und energischen — Versuche auf beiden Seiten nicht aneinander kommen können? Welche Charakterzüge beider Nationen hindern die Verständigung immer wieder, die wir so ehrlich gewünscht haben und die einige von uns auch jetzt nicht aufhören zu wünschen? Welches sind mit andern Worten nicht die äußeren, sondern die letzten, innerlichsten Gründe, die Deutschland zum Kriege gezwungen haben gegen eine Nation, mit der uns ähnliche Abstammung, ähnliche Interessen, ja sogar ein ähnliches Friedensbedürfnis hätte verbinden sollen?

Wer hat da drüben den Krieg gewollt? Es sind zunächst die englischen I m p e r i a l i s t e n gewesen, die in Deutschlands Seegeltung eine Gefahr für England sahen. England hat allezeit die Front seiner

Politik gegen die europäische Landmacht gerichtet, die zugleich Seemacht sein wollte, zuerst gegen Spanien, dann gegen Frankreich. Und vom Standpunkte dieser überlieferten Politik aus gesehen, war Deutschland gefährlicher als diese Gegner der Vergangenheit. Deutschland ist nun einmal das 65 Millionen Volk gegenüber dem an Kopfzahl weitaus schwächeren Frankreich. In seinen Grenzen befinden sich die größten Kohlenlager des Kontinents und die mächtigsten Ströme Mitteleuropas. Solange es mit seinem östlichen Ausläufer Österreich verbunden ist, gehört auch die Donau zu seinem Interessengebiet, und dies von Deutschland und Österreich-Ungarn beherrschte Zentraleuropa sendet die Erzeugnisse seiner Industrie einmal über die Nordsee hinaus nach Amerika und andrerseits durch die Donauländer nach dem Mittelländischen Meer und dem europäischen Orient. Es muß Englands Rivale werden in Amerika und Afrika, in Asien und Australien. Dies Land ist durch seine geographische Lage dazu bestimmt, eins der größten und mächtigsten Länder der Welt zu werden. Es hat im Mittelalter zu viel erstrebt, und hat durch eine beispiellos traurige Geschichte dafür büßen müssen. Aber wenn es sich unter normalen Verhältnissen entwickelt, wenn es nicht durch eine Übermacht der bloßen Masse von Osten her erdrückt wird, wenn es sich die Volkskraft und sittliche Tüchtigkeit bewahrt, die dem Stamm von Natur aus eigen ist, dann muß dieses Reich eine Weltmacht sein.

Aber als Weltmacht duldet England keine andern Götter neben sich, darum gibt es vom englisch-imperialistischen Standpunkt aus gegen Deutschland nur eine Politik: Kampf bis zur Vernichtung — und zwar möglichst bald: bevor der schreckliche Luftgraf vom Bodensee die Meeresstraßen Europas zu kleinen Landkanälen macht und den Schutzwall des Meeres um Englands Küsten zu einem Verteidigungsmittel von nur historischem Wert herabdrückt. Wir sehen die Dinge anders an: wir weisen darauf hin, daß Deutschland wohl eine große Zukunftsmission hat, daß diese aber wirklich nicht darin besteht, andere Kulturvölker zu bekriegen. Wir weisen hin auf unsere 40jährige Friedenspolitik seit 1871; wir zeigen auf die 160 Millionen Slaven in Rußland, die mehr als 20 Millionen Slaven in Österreich-Ungarn und Deutschland selbst, die für unsere Führerstellung in Europa eine ständige Gefahr bilden. Diese Gefahr allein würde vollständig genügen, um uns daran zu hindern, je unsre Macht zu mißbrauchen; sie wird uns im Gegenteil auf die Dauer doch immer zu natürlichen

Bundesgenossen Englands machen, das in Asien den slavischen Druck ebenfalls zu spüren beginnt. Freilich aber gibt uns diese geographische Lage auch eine stolze Zuversicht. Man kann unsere Heere vielleicht schlagen und unsere Flotten vernichten, aber diese Lage im Zentrum Europas, unsre mächtigen Stromläufe, die nach der Nordsee und dem Orient hinweisen, unsre reichen Bodenschätze und unsre starke Bevölkerung, die kann man uns nicht nehmen. Auf unserer Seite steht die Geographie und Geologie Europas, und das ist vielleicht doch eine etwas solidere Macht, als das Bündnis der vornehmsten Kulturvölker Europas mit der russischen Knute, der serbischen Bombe und dem verschmitzt-seelenlosen Lächeln Ostasiens.

Gegen diese imperialistischen Bestrebungen gewisser englicher Kreise hat sich aber dauernd auch in England selbst eine starke Opposition gerichtet. Es gab doch auch in England Leute, die mit steigendem Mißbehagen sahen, wie England in Asien den alten Feind Rußland seinem Ziel, dem indischen Ozean, aufs Bedrohlichste näher kommen ließ, die Gefühl hatten für die groteske Komödie von 1911, daß Deutschland in Marokko für das alte Ziel der englischen Politik, die offene Tür, kämpfte, während England bereit war, Krieg zu führen, um sich — und Deutschland — von Marokko abzusperren. Aus jenen Kreisen stammen die Versöhnungsversuche, die wieder und wieder mit echt angelsächsischer Ausdauer unternommen wurden, bei denen immer aufs Neue die gemeinsame Kulturmission Englands und Deutschlands in den Himmel gehoben wurde. Der durchschnittliche Deutsche sieht in alle dem heute nur englische Heuchelei. Das ist eine arge Entstellung der Wahrheit, und kein Krieg und keine häßliche Haltung der offiziellen englischen Politik gibt uns das Recht, den ehrlichen Idealismus englischer Privatpersonen zu verdächtigen. Aber alle jene Friedensbestrebungen hatten ihre verhängnisvolle Schwäche. Es fehlte ihnen vollständig die Fühlung mit der englischen auswärtigen Politik. Und eine Versöhnung mit Deutschland war im Rahmen der Entente mit Frankreich und Rußland schlechterdings unmöglich. Es fehlte jenen deutschfeindlichen, meist liberalen Kreisen der Mut oder die weltpolitische Kenntnis, oder beides, um eine Neuorientierung der auswärtigen Politik ernstlich zu wollen. Sie konnten gegen die englische Marokkopolitik, gegen die Preisgebung Persiens protestieren, aber sie starrten selbst mit nervöser Unsicherheit nach der Nordsee und wagten es selbst nicht, anstatt der Ententenpolitik eine Verständigung mit Deutschland vorzuschlagen. Sie wollten nur eine Verständigung mit uns im Rahmen des alten Verhältnisses zu den beiden Verbündeten — und das bedeutete eben die Einkreisung Deutschlands. Sie wollten ehrlich Freundschaft mit uns und hatten doch nichts anderes zu bieten als Lansdowne und Grey, das verurteilte diese Versöhnungspolitik zur völligen Ohnmacht. Als es dann zur Krisis kam, ist aller guter Wille vergebens gewesen.

Noch ein zweiter Faktor im öffentlichen Leben Englands ist schuld an der Katastrophe, das Londoner Kapital. Instinktiv haben die englischen Arbeiter gefühlt, daß dieser Krieg nicht ihr Krieg ist. Auch die Fabrikanten von Manchester und Birmingham haben geschwankt. Aber das Londoner Kapital, das durch den steigenden Wohlstand Deutschlands überall seine Stellung als Bankier der ganzen Welt gefährdet sah, wünscht sich seit langer Zeit des unbequemen Nebenbuhlers zu entledigen, und es ist wohl kein Zufall, daß die Einkreisungspolitik gegen uns eingesetzt hat mit dem Regierungsantritte des siebenten Eduard, des Königs, unter dem die englische Hochfinanz in bisher unerhörter Ausdehnung die englische Gesellschaft, die Presse und damit die öffentliche Meinung und die Politik zu beherrschen begann. Diese beiden Kräfte, der Imperialismus und die ihm persönlich und finanziell sehr nahestehende Hochfinanz haben den Krieg gemacht; er war kein Krieg des englischen Volkes. Man könnte eine schneidende Satire darüber schreiben, daß dies Land, das im Vollgefühl seiner demokratischen Volksgewalt mit solcher Verachtung auf das angeblich so autokratische Deutschland herabsieht, sich seit Jahren in den Krieg treiben läßt von einer kleinen Schar von Politikern — nicht von der herrschenden Partei, nicht einmal vom ganzen Kabinett, sondern von einer kleinen, sogar wesentlich aus der konservativen Oppositionspartei bestehenden Klique! In dem ‚autokratischen' Deutschland dagegen wäre dies nicht möglich gewesen, so lange wir als mächtigen und dauernden Schutz des Friedens haben — die allgemeine Wehrpflicht. Es ist leicht möglich, eine viertel oder halbe Million Söldner in einen Krieg zu schicken, den die Nation nicht ernstlich will, aber ein hochkultiviertes Land der allgemeinen Wehrpflicht in einen Millionenkrieg zu führen und diesen Krieg wirklich durchzuhalten, ist nur möglich, wenn die ganze Nation vom Kaiser bis zum letzten Landsturmmann von der Überzeugung durchglüht ist, daß der Krieg wirklich die ultima ratio der ganzen Nation geworden ist. Wohl können Kaiser und Bundesrat den Krieg erklären und wohl auch die Mobilmachung bis zu einem gewissen Grade gegen eine Opposition im Lande selbst erzwingen. Aber es würde nicht so leicht sein, die Kosten des Krieges von einem oppositionellen Reichstag bewilligt zu erhalten, und es wäre vollends unmöglich, die gewaltige Hilfsorganisation im Lande selbst zu schaffen, die dazu nötig ist, um in einem Millionenvolke, dessen Arbeiter auf dem Schlachtfelde kämpfen, den Krieg wirtschaftlich durchzuhalten. In Deutschland haben unsere Wandervögel sich zur Ernte gedrängt, ist gleich einige Tage nach Kriegsausbruch die Riesenorganisation der Kriegshilfe ins Leben getreten, ist die finanzielle Panik der ersten Augenblicke unerwartet schnell überwunden worden; freiwillige Hilfskräfte aller Art haben sich zu allen nur denkbaren Arbeiten gedrängt, so daß das Problem bald nicht mehr lautete „wo sollen wir Kräfte bekommen?", sondern „wie können wir dem Zudrang minder brauchbarer Kräfte wehren?". Das alles konnte keine Kaisergewalt erzwingen; das war freiwillige Leistung des deutschen Volkes, und wäre das alles nicht gewesen, so würde das Bild des Krieges auch trotz aller Siege schon jetzt ganz anders aussehen. In einem Lande der allgemeinen Wehrpflicht, in dem der Krieg alle geordneten Bahnen des bürgerlichen Lebens völlig zerstört, ist ein Krieg gegen den Willen der Nation einfach ein Ding der Unmöglichkeit, schon deshalb muß Deutschland das Land des Friedens sein; möglich dagegen ist ein unüberlegter, unnötiger Krieg in einem Lande wie England, wo die große Masse des Bürgertums ruhig zu Hause bleibt, und der Krieg nichts weiter bedeutet als eine schwere Wirtschaftskrise, wie sie ja auch sonst periodisch aufzutreten pflegt.

3.

Aber jene Friedensbestrebungen hatten noch eine andere Schwäche; wohl hatten sie den guten Willen, aber in der kurzen Zeit ihres Wirkens fehlte ihnen doch der Einfluß, um das englische Volk nachhaltig über Deutschlands Wünsche und Deutschlands Charakter aufzuklären. Sie waren eine jener immer wieder auftretenden Phasen der englischen Geschichte, in denen England sich anschickt, deutschen Einfluß auf sich wirken zu lassen, eine jener Zeiten, in denen die Gemeinsamkeit germanischer Naturanlage diesseits und jenseits des Kanals sich wieder einmal Bahn bricht. Keine von diesen Perioden ist vergebens gewesen, jede von ihnen hat neue unzerreißbare Fäden zwischen England und Deutschland geschlungen; aber keine war kräftig genug, um die Hindernisse aus dem Wege zu räumen, die eine verschiedenartige Charakteranlage und eine verschiedenartige Geschichtsentwicklung zwischen England und Deutschland aufgetürmt hat.

Zuerst war es die Reformation, in der die ersten kräftigen Bande zwischen England und Deutschland gewoben wurden. Wenn auch England mit Wycliffe die Bewegung in ihren ersten Phasen selbst geschaffen hat, so geht der eigentlich entscheidende und nachhaltige Einfluß auf die englische Kirche doch von Deutschland aus. Die englischen Reformatoren finden in Deutschland gastliche Aufnahme, Deutschland gilt in der ganzen englischen Reformationsliteratur als das eigentliche Vaterland der Reformation, und auch für die Folgezeit bleiben auf kirchlichem Gebiet die engen Beziehungen zwischen den beiden Ländern bestehen. Als die angelsächsische Kirche im 18. Jahrhundert in toter Rechtgläubigkeit und inhaltloser Gegnerschaft gegen die Dissenters unterzugehen droht, hat die von Wesley ausgehende Reformbewegung ihr neues Leben eingeflößt, und Wesley fand seine entscheidenden Anregungen bei den deutschen mährischen Brüdern. Was es in England im 19. Jahrhundert an moderner Theologie gibt, das geht zurück auf die Anregungen der Tübinger Schule mit ihren modernsten Verzweigungen bis zu Harnack und Pfleiderer hin, und hat sich in England behauptet trotz aller leidenschaftlicher Gegenwehr der hochkirchlichen Kreise. Aber das Ergebnis dieser starken Anregungen von Deutschland her ist immer etwas völlig angelsächsisches, völlig undeutsches gewesen. Schon die ersten Anfänge der Reformation sind in beiden Ländern völlig verschieden. Wycliffe leitet die Reformationsbewegung mit politischer Opposition gegen den päpstlichen Peterspfennig ein, und er ist sogleich der nationale Held ganz Englands. Aber als er dogmatische Zweifel an der kirchlichen Lehre zu äußern wagt, steht er allein. Für die eigentlich deutsche Seite der Reformation, die dogmatischen Kämpfe der protestantischen Einzelseele, für ihre Versuche, unabhängig vom altkirchlichen Dogma neue Formen individueller Frömmigkeit zu gewinnen, hatte England niemals Verständnis. Das mußte Wycliffe sehen, das erlebten die Männer des 16. Jahrhunderts, und auch alle modernen Theologen haben sich im 19. Jahrhundert in England stets einsam gefühlt. Es lastet auf allen religiösen Regungen der englischen Staatskirche bei aller äußerlichen Freiheit vom Staat das ungeheure Gewicht einer Gebundenheit an die politische Macht, das jede individuelle Regung erschwert und sie zu ersticken droht, und dieser Druck ist gerade dadurch besonders mächtig, daß er nur von den wenigsten als Zwang empfunden wird, im allgemeinen ganz den Auffassungen der englischen Volksseele entspricht. Für das englische Volk ist alles Kirchliche in erster Linie eine Angelegenheit der öffentlichen Ordnung, nicht eine Sache des individuellen Verhältnisses der Menschenseele zu ihrem Gott. Alle großen kirchlichen Streitigkeiten haben sich in England um die Frage der Organisation gedreht, nicht um die Frage des Dogmas wie in Deutschland, und wo die Staatsgewalt sich für diese oder jene Lösung entschieden hatte, unter Heinrich VIII., unter Eduard VI., unter Maria u. Elisabeth, da pflegte ihr die große Masse des Volkes mit einer Willfährigkeit zu folgen, die uns Deutschen einfach unverständlich ist. Die anglikanische Kirche hat es nicht verstanden, für die starken individuellen protestantischen Strömungen in ihrem eigenen Lager Raum zu schaffen, und alle, deren Gewissen sich gegen das herrschende Staatstum auflehnte, haben sich zu eigenen kirchlichen Dissenterverbänden zusammenschließen müssen. Und es ist sehr charakteristisch zu sehen, wie die gute englische Gesellschaft sich von diesem protestantischen Individualismus fernhält, wie alle diese Dissentergruppen sich im wesentlichen aus dem kleineren Mittelstande rekrutieren müssen. Es ist ungemein bezeichnend für die englische Frömmigkeit, daß heute die Gruppen, in denen der eigentlich protestantische Individualismus zu Hause ist, im öffentlichen kirchlichen Leben Englands viel weniger leisten, viel weniger Großes auch an Werken sozialer Fürsorge aufzuweisen haben als die ausgesprochen hochkirchliche Richtung des Anglikanismus. Es ist eine Richtung, die ihre Verwandtschaft mit dem römischen Katholizismus stets energisch betont, und von allem kontinentalen Luthertum ängstlich abrückt, für die Orgelklang und Weihrauch, liturgische Zeremonien und alle Massenwirkungen sehr viel wichtiger sind, als die Gewinnung der einzelnen Seele durch die Macht der Predigt, und in dieser Richtung scheint sich die eigentliche religiöse Stärke der englischen Nation entfaltet zu haben. Das Ergebnis der Entwicklung im Anglikanismus ist trotz all der gewaltigen Anregungen von Deutschland her die Herrschaft der M a s s e mit ihrem Bedürfnis nach Autorität in den entscheidenden Fragen des Seelenlebens, nach starker Wirkung, nach Mystik und sinnfälliger

Form und damit ein starkes Abrücken von dem eigentlich Deutschen, dem Individualismus auch auf religiösem Gebiet.

Und nicht anders ist es auf dem Gebiete der Erziehung. Auch hier hat der deutsche Einfluß stets Großes bedeutet, aber auch hier hat er nur die Peripherie ergriffen, ist nicht ins Zentrum vorgedrungen. Das englische Schulwesen, wie es sich in den charakteristisch nationalen großen Public Schools von Eton und Rugby darstellt, ist eine spezifisch national englische Einrichtung. Sie legt allen Wert auf die Heranbildung starker, zum Führen und Herrschen geeigneter Charaktere, aber sie gibt sich gar keine Mühe, diese Charaktere nun auch individuell zu differenzieren. Sie legt großen Wert auf den Sport als ein Mittel dazu, Leistungen zu erzielen und Führereigenschaften zu entwickeln; aber die deutschen Idealen entsprechende Erziehung des Charakters zum eigenen Denken, zur Beobachtung und zur Anwendung gelernter Kenntnisse, zum Verständnis abweichender Zivilisationen, zur Erhöhung eigener Geisteskultur wird in England kaum gepflegt. Wo etwas derartiges vorhanden ist, kennt man dabei nur ein einziges starres Massenschema, das Verständnis für Griechenland und Rom; von Frankreich, von Deutschland erfährt der englische Knabe unendlich wenig.

Es gibt in England nur ein einziges Kulturideal, den Begriff des Gentleman genau in der Ausprägung, wie sie das 18. Jahrhundert ihm gegeben hat. Es war das Jahrhundert einer hohen, aber doch unendlich einseitigen Kultur, das die Freiheit des Einzelbürgers auf den Schild hob, die Machtsphäre des Staates bei jeder Gelegenheit zurückdrängte, überall die goldene Mittelstraße predigte, allen unbequemen, an die Wurzel der Dinge rührenden Fragen in der Theologie, der Politik, der Philosophie ängstlich aus dem Wege ging, einer Kultur, die sich vor dem Kriege bekreuzigte und doch nicht ohne Krieg auskam, die mit naiver, aus Unkenntnis und Vorurteil gemischter Herablassung allen abweichenden Daseinsformen bei anderen Völkern gegenübertrat. Dieser Kulturtypus, aus dem sich Deutschland und z. T. auch Frankreich längst durch die gewaltige Geistesarbeit der romantisch-historischen Periode befreit haben, herrscht in England noch heute. England hat die neuen Probleme, hat den neuen, die Weltkultur beherrschenden romantischen und historischen Geist tatkräftig und scharfsinnig mit heraufführen helfen, an der Lösung der Probleme selbst hat es wenig geholfen. Hervorragende Einzelmenschen haben auf allen Gebieten der Wissenschaft, in Theologie, Philosophie der Naturwissenschaft, auch in der Nationalökonomie und Geschichte Hervorragendes geleistet, aber sie haben wenige Schüler gehabt, sie waren Prediger in der Wüste. Schule und Universität haben im Laufe des 19. Jahrhunderts gründliche Umbildungen ihres Wesens erfahren; in den Kern ihres Seins ist keine Reform gedrungen. Beide Institutionen sehen ihr letztes Ziel darin, Persönlichkeiten zu bilden, die Gentlemen sind ganz in der Art des 18. Jahrhunderts mit all den großen Vorzügen und bedenklichen Schwächen dieses Typus. Wir haben die Einheitlichkeit dieses Erziehungsziels längst — vielleicht zu radikal — aufgegeben; wir streben danach, den einen intellektuell, den anderen praktisch zu entwickeln, wir haben neben dem kräftigen Verstandesmenschen den Mann der starken, aber geistig geschulten Tatkraft als deutschen Typus, wir schätzen den Professor, den Offizier, den Kaufmann, den Verwaltungsbeamten, jeden in seiner abweichenden Eigenart — England kennt nur den einen, gleichartigen Gentleman. Zwar sind die Menschen selbst schon längst aus jener Starrheit des Kulturideals eines früheren Jahrhunderts herausgewachsen — instinktiv handeln sie alle mehr oder weniger anders, aber sie halten es noch fest, weil sie die geistige Kraft nicht haben, die neue Art des 19. und 20. Jahrhunderts sich geistig zu eigen zu machen. Der Engländer, der die Kultur seiner Zeit für die einzig mögliche hält und andere Kulturen nicht kennt, der Krieg führt und dabei den Krieg als etwas unendlich Barbarisches verabscheut, ist nicht schlimmer als das kontinentale Europa in der Zeit von Voltaire und Friedrich dem Großen; aber wir empfinden leicht als schlimme Heuchelei was in Wahrheit nur die Rückständigkeit einer überwundenen Kulturepoche ist und die Unfähigkeit des englischen Volkes, die Probleme unserer Zeit geistig zu erfassen. Und gerade weil wir Deutschen im 19. Jahrhundert die größte Geistesarbeit geleistet haben, weil wir in unserer Geschichtsauffassung mit den allgemeinen Prinzipien des 18. Jahrhunderts gründlich — vielleicht allzu gründlich — gebrochen haben, weil wir die neu gewonnenen Erkenntnisse auf allen Gebieten, im Recht, in der Politik, energisch zur Geltung gebracht haben, ist der Abstand zwischen uns und England mit jedem Jahrzehnt trotz allem was uns verbindet, nur noch größer geworden.

Und noch in einem anderen Sinne ist die Nachahmung des deutschen Vorbildes stets äußerlich geblieben. Das spezifisch Deutsche ist doch die selbstlos idealistische Freude am Lernen, an der Durchdringung des Stoffes, an der plastischen Herausarbeitung und tief innerlichen Verwertung einer fremden Kultur, die Überzeugung, daß das Wissen eine Macht ist, die gerade dann am stärksten wirkt, wenn jeder Gedanke an die praktische Verwendbarkeit des zu Lernenden fehlt. Gerade dies spezifisch Deutsche haben alle deutschen Anregungen nur in recht geringem Umfange nach England verpflanzen können, und genau wie auf kirchlichem Gebiete fällt einem auch in der englischen Erziehung auf die ungeheure Macht des Schematismus. Er ist weniger bürokratischer Art und arbeitet weniger mit gleichmachenden Verordnungen vom grünen Tisch als in Deutschland, aber er ist darum doch nicht weniger echt, weil er den Bedürfnissen der Nation zu entsprechen scheint. Man will zur Universität gelangen und die starren Immatrikulationsbedingungen von Oxford und Cambridge lagern wie ein Bleigewicht auf allem Erziehungswesen. Was zu dieser Prüfung nicht verlangt wird oder durch ungenügende Bewertung keinen genügenden Vorteil bringt, spielt in der Erziehung der englischen Jugend überhaupt keine Rolle. Zu den Gegenständen, die daher sich nur unvollkommen entwickeln können, gehört die moderne Naturwissenschaft, gehört vor allem das Deutsche. Auch hier Massenproduktion unter Verzicht auf individualistische Regungen.

Und ähnlich ist es mit der Einwirkung der deutschen Literatur auf England. Im 16. Jahrhundert hat man weit mehr als Luthers reformatorische Flugschriften geschätzt die etwas grobschlächtigen, an die Instinkte der Masse sich wendenden sensationellen Volksbücher vom Kalenberger, vom Dr. Faust, vom Eulenspiegel. Am Ende des 18. Jahrhunderts hat man die billige Sentimentalität von Kotzebue mit Begeisterung verschlungen, und die seltsam romantischen Geistererzählungen der niederen Schichten unserer damaligen Literatur galten als spezifisch deutsch. Aber in Schiller und Goethe schätzte man im großen und ganzen nur das, was, wie etwa der Götz von Berlichingen, der Werther oder die Räuber, einigermaßen zu dem englischen Zerrbild von deutscher Literatur zu passen schien. Die eigentlich großen Errungenschaften der deutschen Literatur jener Zeit sind England fremd geblieben, und Werke wie Wallenstein und der Faust sind nur von einem kleinen Kreise begeisterter Literaten auf den Schild gehoben worden.

Auf allen Gebieten des Lebens tritt uns in England das Massenhaftige, Kompakte und Undifferenzierte dieses Volkes entgegen, dem sich nur wenige hochorganisierte Individuen ganz entziehen können. Überall die Freude am Wilden, Lauten, ins Auge Fallenden, am derben Sport, am geräuschvollen Vergnügen. Die Instinkte des Volkes sind die Instinkte der Masse. Man will schnell reich werden und schätzt am Leben im wesentlichen nur das, was nach außen hin glänzt, in der Bildung nur das, was sich leicht in Erfolg und bare Münze umsetzen läßt. Alles tiefe Eindringen in Probleme des Lebens vermeidet man, hält starr am Alten fest und begnügt sich mit dem billigen Schlagwort des politischen oder geistigen Agitators. Laut pocht man auf sein individuelles Recht und wenn auch im täglichen Verkehr bei allen Kleinigkeiten des Lebens eine gewisse Massengutmütigkeit immer wieder durchbricht, wenn es ernst wird, schiebt man alle Ansprüche der anderen mit souveräner Verachtung beiseite. Man erliegt der Massensuggestion stärker als irgend ein anderes germanisches Volk. Bei allen politischen Krisen, gleichgültig ob die Stimmung gegen Frankreich ging, gegen Amerika, gegen Rußland, gegen Deutschland, muß irgend ein billiges Schlagwort, das oft in handgreiflichem Widerspruch zu den Tatsachen steht, die wirkliche Erkenntnis und Durchdringung der politischen Lage ersetzen; heute ist es das Schlagwort vom neuen Napoleon, über dessen Albernheit man lachen könnte, wäre die kulturlose Unbildung, die es enthüllt, nicht so unsäglich traurig. In auffallend hohe Kreise hinein erstreckt sich diese Massivität im Charakter dieses Volkes. So hoch die Kultur den Einzelnen oft in England erhoben hat (und der englische Gentleman, die englische Lady sind ganz hervorragende Leistungen menschlicher Kulturentwicklung), so bricht doch immer wieder der Masseninstinkt bei ihnen durch, er zieht sich auch durch die feinsten Produkte englischer Literatur, und sollte er dort einmal fehlen, tritt er dann gewiß im Privatleben des Künstlers überraschend zutage. Es ist gewiß etwas Großes um diese gewaltige Einheitlichkeit des englischen Volkscharakters. Sie macht ihn zum Gebieter über alle Völker niederer Zivilisation, sie gibt seiner Herrschaft da draußen eine kolossale Festigkeit, die anderen Nationen nicht so ohne weiteres möglich ist. Mag der englische Beamte in Indien auch noch so oft wechseln, mag der Nachfolger an Charakteranlage und Temperament von dem Vorgänger auch noch so weit verschieden sein, er bringt mit der Sicherheit eines Uhrwerks im übrigen dieselben Eigenschaften mit: die ruhige Überlegung, den stetigen Willen, die Abneigung gegen alle Probleme und die gutmütige Bereitwilligkeit, alle Dinge laufen zu lassen, so wie sie es wollen, wenn der Beherrschte nur die Überlegenheit und Herrscherstellung der angelsächsischen Rasse als selbstverständlich anerkennt. Dagegen wir Deutsche sind nach Stamm und Land und Temperament so unendlich weit verschieden, daß selbst am 80. Geburtstage eines Bismarck keine einheitliche Huldigung der Nation für ihren Reichsgründer zustande kam, daß es uns geradezu als etwas Überwältigendes und unfaßbar Neues entgegentritt, daß hier in diesem Kriege zum ersten Mal die Nation ganz einig ist. In England dagegen ist die ganze Nation eine einheitliche Masse mit einheitlichem Willen und einheitlichen Instinkten, so daß selbst in den Tropen die Lebensweise, die Mahlzeiten, die Gesellschaftskleidung im wesentlichen dieselben sind, wie in London. Das gibt ein gewaltiges Bild nationaler Geschlossenheit, das alle kleinen Einzelsplitter fremder Nationen mit magischer Gewalt an sich zieht — aber es bedeutet andererseits auch eine kulturelle Gefahr ersten Ranges. Aller Fortschritt der Kultur geht durch bie Differenzierung. Uns ist sie aufgezwungen worden durch unsere Geschichte; im deutschen Volke haben sich einigen müssen Schwaben und Franken und Sachsen und andere Stämme, jeder mit starker Eigenart, aber keiner so mächtig, um den andern zu assimilieren. Die verschiedenartigsten Ideale haben unsere Geschichte beherrscht und wirken in ihren Folgen noch heute nach: das starke, handelnde und dabei doch tief verträumte Ideal des Weltkaisertums und der mystische und so völlig weltentsagende Gedanke der Weltüberwindung durch die ruhige Erhabenheit der Einzelseele. All das sind mächtige Anstöße gewesen, die unseren Charakter nach allen Richtungen hin differenziert und verhindert haben, daß all die wertvollen Keime in einer einzigen gleichförmigen Masse aufgingen. Das hat uns in der Reformationszeit scheinbar hoffnungslos in zwei getrennte Lager auseinandergerissen, hat uns zu Denkern und Träumern gemacht, die für diese Welt scheinbar rettungslos verloren waren. Und doch ist es anders gekommen. Gerade weil wir uns so weit differenzierten, mußte das letzte Ergebnis eine um so höhere Leistung sein. Was wir in dieser jahrhundertlangen Geschichte der Ohnmacht gelernt haben, war die geistige Durchdringung des Lebens, war die Erkenntnis, daß der Geist es ist, der schließlich sich den Körper baut. Die Männer der scheinbar so weltfremden Philosophien von Kant und Fichte sind es doch gewesen, die die bloße Gewalt eines Napoleon entwurzelt haben. Die ebenso weltfremden und scheinbar zwecklosen Untersuchungen über das Wesen der Farbe und das Wesen des Lichts haben so nebenher auf dem Wege die deutsche Industrie geschaffen, die auch der brutale Handelskrieg, den England gegen uns jetzt entfacht, nicht mehr aus dem Sattel wird heben können, so lange noch die Quellen sprudeln, aus denen sie entstanden ist und neu entstehen kann. Nicht die Masse ist es, sondern die Differenzierung, die die Kultur schafft. Freilich nur die Differenzierung, die sich selbst überwindet und aus dem Verschiedenen etwas Einheitliches, aus dem Atom den Organismus entwickelt. Aber diesen Organismus, den wir jetzt auf den Schlachtfeldern Belgiens und Frankreichs und in der stillen Arbeit der Kriegshilfe sich entfalten sehen, der jede kleinste Bewegung vorher durchdenkt, damit sie dem Ganzen nützen soll, der jeden unscheinbaren Sack Hafer und jeden Uniformknopf zählt und verwertet und in den Dienst eines höheren Zweckes stellt, den Geist, der auch dem kleinsten Mann seine Stelle im großen Organismus anweist und ihn durchglüht mit dem Siegesbewußtsein, der das Ganze beherrscht, den macht uns England nicht nach.

## 4.

Gewiß ist England nicht nur das Land der Masse. Im englischen Charakter ist ein Zug, der gegen das bloß Massenhaftige seines Charakters streitet, das englische Freiheitsbedürfnis. Wo es im Bunde mit einer großen Idee geschichtlich wirksam war, da hat es Gewaltiges geleistet. Befruchtet durch religiöse Begeisterung hat es in der Form des Puritanertums die Vereinigten Staaten Amerikas geschaffen, hat es den Absolutismus Karls I. in England vernichtet; verbunden mit antiken Ideen von Selbstbeherrschung und Persönlichkeitswertung, die im 16. Jahrhundert aus Italien nach England kamen, hat es in den höchsten Schichten Englands eine Kultur geschaffen, die zum edelsten Menschheitsgute gehört. Aber sich selbst überlassen ist der Gedanke der Freiheit etwas Negatives, Unfruchtbares. Der Engländer rühmt sich, daß sein Haus seine Burg ist, das heißt fast immer eine Burg, in die er sich zurückzieht, weil er nicht gestört sein will, weil ihn das ganze übrige Leben nichts angeht. Wenn das englische Volk sich selbst als die einzig freie Nation rühmt und auf uns als Sklaven herabschaut, da kommt diese Selbstüberhebung uns reichlich komisch vor, aber das Schlagwort ist auch hier, wie so oft, der unvollkommene Ausdruck einer richtigen Beobachtung: der Engländer will Einzelzelle, auf sich selbst gestellt sein, sein Wesen widerstrebt instinktiv der Einordnung des Einzelnen in ein größeres Ganze, die wir Deutsche sofort ebenso instinktiv vornehmen. Der Deutsche hat ein Verständnis dafür, daß polizeiliche Anordnungen, die jeder Engländer als nutzlose Schikane empfindet, einen Sinn haben; er sucht in jedem Gesetz den Zweck und hält es darum für selbstverständlich, daß es auch angewendet wird. Schwere, ermüdende Arbeit leistet er im Handel, in der Wissenschaft, in der Fabrik ohne Murren, da tief in ihm das Gefühl steckt, daß es auf seine Arbeit ankommt, daß sie einem höheren Ganzen dient. In England dagegen pflegt der germanische Individualismus sich gewöhnlich nur in negativer Form zu betätigen, und dies negative Element des englischen Freiheitsbedürfnisses hat unsre beiden Nationen im Laufe der Zeit immer weiter auseinandergebracht, so daß die politische Entwicklung in Deutschland und England seit dem Jahre 1700 völlig auseinandergeht. In England wird die Macht des Königtums nicht nur beschränkt, sondern im wesentlichen ausgeschaltet, so daß im 18. Jahrhundert eine Oligarchie der Vornehmen England beherrschte, deren Spuren noch das heutige Leben trotz seiner raschen Demokratisierung nicht verloren hat. In Deutschland wies der Absolutismus des Herrschers dem Offizier, dem Kaufmann, dem Geistlichen und Gelehrten seine eigene Sphäre an, aus der er nicht herauskommen konnte und spornte ihn dazu an, in diesem seinem Kreise das Höchste zu leisten. Gewiß hatte diese Abschließung etwas Künstliches und recht nachteilige Folgen sind wahrhaftig nicht ausgeblieben. Aber es wurde doch ein Staat dadurch erzielt, in dem auf allen Einzelgebieten, im Heere, in der Wissenschaft und später, als die politische Entwicklung dies möglich machte, auch in Handel und Industrie die Einzelleistung zu einer gewaltigen Höhe hinaufgeschraubt wurde. In diesem Staate gab es für den Beamten, für den Geistlichen, für den Gelehrten kaum eine Möglichkeit, zu Reichtum und großem äußerlichen Wohlstand zu gelangen; auch das ist von gewaltiger Bedeutung für die Folgezeit gewesen. Hier wurde der deutsche Idealismus gewissermaßen in Reinkultur gezüchtet, und das hat ihm die Kraft gegeben (ich glaube, was wir in diesem Kriegsjahr bisher gesehen haben, berechtigt uns dazu, dies zu sagen), auch in der Periode eines bedrohlichen Wohllebens und bedrohlicher Erschlaffung, die mit dem 20. Jahrhundert einsetzte, sich im wesentlichen ungefährdet zu erhalten.

In England dagegen drängt die ganze Kulturentwicklung auf Überwindung aller Differenzierung, auf die Durchdringung des Staatsganzen mit dem Geist der Masse, und auch bei dieser Entwicklung hat das englische Freiheitsgefühl eine verhängnisvolle Rolle gespielt. Es herrschte unumschränkt eine vornehme Aristokratie in engem Bunde mit den obersten Spitzen des Reichtums. Langsam schwindet in ihr der alte kriegerische Geist, der sie von der Masse trennte, wird sie durchtränkt von dem bloß kommerziellen und unbestimmt humanitären Ideal des Mittelstandes. Sie ist klug genug, sich nicht nach unten hin abzuschließen, und jeder ist ihr als Werkzeug, ja, als Mitregent willkommen, der religiös sich zur Staatskirche hält und politisch die Herrschaft der Wenigen stützt. Diese Aristokratie beherrscht im Bunde mit der Staatskirche die ganze Landeskultur; die Rechtsprechung, die Verwaltung, die Kirche sind in ihren Händen, ja sogar die Bildung ist es; denn nur in den von der Oberschicht beherrschten Universitäten wird die Bildung vermittelt, und wer sich nicht zur Oligarchie hält, ist auch von der Hochschule ausgeschlossen. Die ganze soziologische Struktur des Landes ist derartig aufgebaut, daß ein einheitliches Ideal das ganze Volk beherrschen muß. Wer sich den Anschauungen der herrschenden Kreise und deren Idealen anpaßt, kann alles werden, wer sie bekämpft, ist machtlos; kein Wunder, daß eine Differenzierung des Volkes wie sie in Deutschland der Zwang des Absolutismus fertig brachte, in dieser Freiheit nicht möglich war. In Deutschland war der Kaufmann, der Gelehrte, der Offizier darauf angewiesen, in seinem eigenen Kreise durch höchste Leistung etwas zu erringen; in England winkten dem Gelehrten, dem Geistlichen glänzende Stellungen, die aber nur der Adel zu vergeben hatte. Ist es ein Wunder, wenn seit dem 18. Jahrhundert der gedankenlos die Höheren anbetende und ihnen nachäffende »snob« zum Typus des Engländertums wird? In einer Nation, in der jeder reich werden kann, wenn er mit dem Bestehenden zufrieden ist, da vertrocknen allmählich die Quellen des Idealismus, und niemand ist selbstzufriedener, niemand arroganter als der erfolgreiche Emporkömmling. Und seit im 19. Jahrhundert allmählich alle diese oligarchischen Schranken gefallen waren, ist es nicht viel besser geworden. Bei den unteren Klassen, die jetzt langsam und in den letzten Jahrzehnten rapide in die Höhe kommen, und mehr und mehr zum ausschlaggebenden Faktor werden, ist natürlich der Massencharakter des Volkes ganz besonders stark ausgeprägt. Sie sind zu lange daran gewöhnt worden, nach oben zu schauen, um sich auf sich selbst zu besinnen. Die Schulen und Universitäten, die sie nach oben führen, sind noch jetzt völlig beherrscht von dem Bildungsideal des 18. Jahrhunderts, das in der Oberschicht verwirklicht ist. Die unteren Klassen sind zudem die Hauptträger der puritanischen Gesinnung Englands, die zwar in Zeiten großer religiöser Erregung und im Unglück das höchste leistet, die aber im Glück und im Verkehr mit anderen Völkern in unangenehmster Weise den empörenden puritanischen Hochmut verkörpert. Dieser Puritanismus ist der zweite, aus älterer Geschichtsperiode stammende Faktor im englischen Geistesleben, der genau wie der Kulturtypus der Rationalistenzeit, unverändert in die Gegenwart hineinragt und jede Ausgleichung mit modernen Problemen ablehnt. Gerade weil er aber immer nur einen Teil der Seele des heutigen Engländers beherrscht, ist auch er ein Hauptgrund zu der merkwürdigen Unausgeglichenheit des englischen Charakters, die der psychologisch ungeschulte kontinentale Beobachter sich mit dem billigen Schlagwort von englischer Heuchelei zu erklären liebt.

Jede von diesen puritanischen Sekten fühlt sich noch heute wie ihre Vorfahren zur Zeit Cromwells als das auserwählte Volk, das unfähig ist, moralisch in die Irre zu gehn. Die englischen Puritaner und damit auch England selbst sind nach dieser Auffassung die alleinigen Träger höchster Kultur, und sind dazu berufen, das Reich Gottes, — das ist für den naiven Verstand des Durchschnittsengländers ohne weiteres die englische Kultur und damit auch der politische Einfluß Englands — in der Welt auszubreiten; sie haben dabei ihrer Meinung nach stets das Recht auf ihrer Seite, ganz gleichgültig, ob der Gegner Englands das Aschantireich an der Goldküste ist oder ein hochentwickeltes Kulturvolk, wie das deutsche oder französische. Das puritanische Element Englands ist zur größten idealistischen Opferwilligkeit befähigt, wenn es ihm oder England schlecht geht; aber in normaler Friedenszeit wirft sich die unleugbare Energie dieser Bevölkerungsschicht in einer so ausschließlichen Weise auf Handel und materielles Vorwärtskommen, daß alle höheren Ideale darunter erdrückt werden. Gewiß ist es der Ruhm des englischen Puritanismus, in Handel und Wandel eine höhere Moral zur Geltung gebracht zu haben, als sie früher mit der Erwerbstätigkeit verbunden war; aber in ihr ist auch groß geworden das entsetzliche Krämertum, das jedes neue Ding, jede neue Kulturerrungenschaft zunächst einmal nach seinem finanziellen Nutzen fragt, das alle Bildung, alle Kunst nur schätzt, wenn sie auch einen hohen Börsenkurs besitzt. Hier ist das eigentliche Zentrum der unglaublichen Unwissenheit mit Bezug auf das Ausland, die alles Nichtenglische ohne weiteres als unbrauchbar und minderwertig ablehnt, und im Kampfe mit dem Auslande in den Mitteln nicht wählerisch ist. Alle die neuen Volksschulen und alle höhere Bildung des 19. Jahrhunderts, alle leidenschaftlichen Warnungs- und Zornesausbrüche besorgter Patrioten wie Carlyle, Kingsley, Dickens, William Morris haben dem Übel nicht steuern können. Es ist übertrieben und ungerecht, das ganze englische Volk eine Nation von heuchlerischen Krämern zu nennen; die Unwissenheit über andere Völker, von der auch der beste Engländer nicht frei ist, spielt bei den Erscheinungen, die wir als englische Heuchelei bezeichnen, eine starke Rolle. Aber es gibt einen Grad der Unwissenheit, wo sie anfängt ein Verbrechen zu werden, und dieser Grad ist in diesem Kriege erreicht. Wenn die Gebildeten der englischen Nation sich einen Preßklüngel gefallen lassen, der mit niederträchtiger Bosheit jeden kleinsten Mißerfolg einer deutschen Streifpatrouille in die Welt hinaus posaunt, aber unsere großen Siege so weit wie möglich verschweigt, der die bedauerlichen strengen Maßregeln gegen Löwen und Dinant in alle vier Winde verbreitet, aber kein Sterbenswörtlein von der meuchelmörderischen Niedermetzelung deutscher Truppen durch Zivilpersonen berichtet, dann darf die englische Nation sich wahrlich nicht wundern, wenn aus dieser Lügensaat eine Ernte von Haß gegen England aufgeht, die alle Bemühungen, auch dem englischen Feinde Gerechtigkeit widerfahren zu lassen, auf Jahrzehnte hinaus unmöglich macht.

## 5.

Wir haben versucht, das unerfreuliche Bild englischen Volkstums, das sich uns in diesen Tagen entrollt, zu erklären aus Massenpsychologie und einem edlen, aber doch in seiner Wirkung meist recht unfruchtbaren Freiheitsdrang. Das ergibt dann freilich ein Gesamtbild, das von der deutschen Kultur auf stärkste abweicht, deren Signatur ja eine völlig andere ist. Wir sind stolz auf die starke geistige Differenzierung, die Vielfältigkeit des deutschen Charakters, auf unsere stark ausgeprägten Stammeseigentümlichkeiten, auf das stark individualistische Element, das in unserer Wissenschaft zum Ausdruck kommt, das in unserem Handel, in der Industrie immer dem individuellen Kopf ein Betätigungsfeld bietet. Wir sind stolz darauf, daß wir mit systematischer Denkarbeit imstande sind, Kräfte zusammenzufassen, für den einzelnen den Platz zu finden, wo er nach seinem Talent und seinen individuellen Fähigkeiten das Beste leisten kann. Gewiß birgt auch unsere Charakteranlage eine Gefahr in sich. Es ist die Gefahr der Überorganisation, der Überspezialisierung, der Überreglementierung, die von der Leistungsfähigkeit des Ganzen alles erwartet, und dabei übersieht, daß die Wurzeln des deutschen Charakters eben doch in der individuellen Hingabe an das Ganze ruhen. Wir wollen gewiß auf der Hut sein gegen diese Gefahr und auch gegen Bürokratie und Starrheit kräftig auftreten wo es not tut. Aber in diesem Augenblick können wir uns doch wohl mit stolzer Zuversicht freuen, daß es hier in diesem Kriege, wo unser Ganzes, unsere Stellung als Nation bedroht wird, auch gelungen ist, das ganze Deutschland zu einer einzigen großen Abwehr zusammen zu fassen. Die 42 cm Geschütze vor Lüttich sind nicht die Leistung eines einzigen. Sie sind gewiß entstanden aus den Köpfen genialer Ingenieure, deren Ruhm wir wahrhaftig nicht schmälern wollen. Aber an ihnen sind auch beteiligt die technischen Hochschulen und Universitäten, in denen die Sprengkräfte der verschiedensten Stoffe entdeckt, berechnet und experimentell erprobt worden sind. An ihnen sind beteiligt tausende von tüchtigen Arbeitern, die in der glühenden Atmosphäre der Kruppschen Gußstahl-Fabriken das Material geschaffen und bis zur letzten Höhe der Vollendung gebracht haben. Aber nicht minder haben zum Werke beigetragen die deutschen Lehrer und Geistlichen, all die Väter und Mütter, die diesen Arbeitern die strenge Zucht gegeben haben, daß sie nur mit der letzten und höchsten Leistung im Rahmen der gestellten Aufgabe zufrieden sind. Und der Erfolg ist schließlich auch zu danken der Riesenorganisation unseres Generalstabes, der das Geheimnis dieser gewaltigen Stärke Deutschlands jahrelang bewahrt, das Eisenbahnnetz und die anderen Transportmittel bis zur letzten Schiene und Schwelle durchdacht und vorher bestimmt hat. Das Dröhnen dieser Geschütze vor der feindlichen Stellung ist nicht nur ein Triumph unserer Ingenieurkunst; es ist ein Sinnbild von der gewaltigen Kraftdiagonale, die sich aus dem Zusammenwirken von so unendlich vielen unbekannten und oft gewiß sich im bürgerlichen Leben heftig bekämpfenden Kräften ergibt. Sie mögen im alltäglichen Leben des Staates sich kritisch, ja feindlich gegenüberstehn, aber zum Gesamtresultat haben sie doch alle beigetragen, der ostelbische Junker und der sozialdemokratische Arbeiter, der Professor und der Mann der Praxis, es ist ihr gemeinsames Werk, in dem das Können der Nation sich offenbart. Diese systematische Zusammenfassung der aufs höchste gesteigerten Einzelkräfte zur großen Gesamtleistung, bei der alles Einzelwollen verschwindet und der Einzelne bewußt handelndes Glied des Gesamtorganismus wird, ist unser Geheimnis. Es erklärt 1813 und 1870, Lüttich und Antwerpen, aber auch unsern Handel, unsre Industrie, ja ein gut Teil unsrer wissenschaftlichen Leistung. So lange wir dies können, so lange wir die Kraft haben, auch die Elemente energisch auszuscheiden, die in Zeiten der großen Probe versagen, sind wir unbesiegbar. Und all das macht uns England so leicht nicht nach. Es hat seine großen Männer auf allen Gebieten, es hat eine kleine Oberschicht erlesener Individuen, aber es hat es noch nicht gelernt, die einzelnen Menschen seiner Massen zum Organismus zusammenzufassen. Ansätze dazu sind überall auf einem Gebiete, im Sport zu sehen, aber sie kommen nicht voll zur Entfaltung, so lange dem Volke die allgemeine Wehrpflicht fehlt, die allein die lebendige Kraft einer ganzen Nation voll in den Dienst einer großen Sache stellen kann.

## 6.

Aber das Bild, das wir von Englands Volkscharakter entworfen haben, wäre unvollständig, wenn es nur die große Dissonanz zwischen angelsächsischem und deutschem Wesen berücksichtigte, nicht auch wenigstens die gemeinsamen Punkte andeutete, die hüben und drüben immer wieder zur Verständigung drängen. Es ist ja doch im wesentlichen germanisches Blut, das da drüben in den Adern der Engländer rinnt, und das immer wieder auf beiden Seiten des Kanals zu einander strebt. Was wir vorhin im Engländertum als Massencharakter erkannt haben, ist ja dem norddeutschen Teil unseres Volkstums in keiner Weise fremd, und die unwillkürliche Verwandtschaft, die der Hanseat mit dem Engländer fühlt, hat tiefere Wurzeln, als er selbst es weiß; aber bei uns hat die Einwirkung anderer Volksstämme und geschichtlicher Ereignisse immer wieder für Differenzierung und gegenseitige Durchdringung gesorgt. Und auch drüben jenseits des Kanals fehlt es doch wahrhaftig nicht an der germanischen Innerlichkeit, die über den Schein hinaus in die Tiefe des Wesens dringt, die nach höheren Idealen strebt, als den bloß sinnfälligen des materiellen Genusses. Ich denke an Schottland, das Land, in dem der germanische Individualismus auch in religiöser und wissenschaftlicher Beziehung eine Heimstätte gefunden hat, und immer wieder sich aufbäumt gegen die verflachende Wirkung puritanischer Selbstzufriedenheit. Ich denke an den großen Schotten Carlyle, aus dessen Büchern das germanische Gewissen gegen Materialismus und bloß egoistischen Freiheitsdrang mit gewaltigen Worten predigt; es bleibt ihm auch heute unvergessen, daß er im Jahre 1870 mit wenigen seiner Volksgenossen Zeugnis abzulegen wagte für die Gemeinbürgschaft germanischer Nationen gegenüber stammesfremder welscher Art. Ich denke an Shakespeare und Burns, an Coleridge und Wordsworth, an Ruskin und Morris von denen jeder in seiner Weise eine starke Individualität voll edelstem Gehalt war und den Massen seines Volkstums ein höheres Ideal zu geben versuchte. Und wenn auch die Vielen des englischen Volkes von deutschem Wesen nur ein lächerliches Zerrbild kennen, es muß doch auch hier gesagt werden, daß deutsches Wesen keinen schöneren und verständnisvolleren Bewunderer gefunden hat, als die Engländer Coleridge, Carlyle, Herford. Die großen Kräfte, die in der englischen Literatur am Wirken sind, die immer ihr Volk aufzurütteln sich bestreben aus dem selbstzufriedenen Pharisäertum der Masse, sie zeigen deutlich, daß in diesem Volke doch ein starker sittlicher germanischer Kern steckt, der schon im Laufe der Zeit die Klammern des bloßen Materialismus sprengen, und damit auch eine verständigere Einschätzung deutschen Wesens ermöglichen wird. Gewiß steht selbstverständlich auch der deutsche Anglist heute mit all seinem Denken und Wollen im deutschen Feldlager und erhofft mit aller Kraft seines Gemüts den Sieg der deutschen Waffen. Aber es ist sein Vorrecht, auch unter dem Dröhnen der Geschütze an die Zukunft denken zu dürfen, und wenn Bismarck am Abend von Königgrätz bereits das zukünftige Bündnis mit dem geschlagenen Feinde gegenüber dem östlichen Slawentum erwog, so ist es vielleicht kein Zeichen mangelnder nationaler Energie, schon jetzt mit Bezug auf England ähnliches zu erhoffen.

7.

Aber die unerläßliche Vorbedingung heißt eben — Königgrätz. Nur dann wird England ganz wie seinerzeit Österreich uns als gleichberechtigten Partner anerkennen, wenn es unsere Macht gefühlt hat. Eine dauernde Verständigung mit Deutschland ist unmöglich, wenn England nicht die ausgefahrenen Geleise der Ententenpolitik verläßt. Es muß wählen zwischen Deutschland und Rußland, sonst gibt es höchstens eine Neuauflage der Versöhnungspolitik, die in den Krieg führt. Und es wird uns nie wählen, wenn wir nicht die stärkeren sind. Vorläufig haben also noch die Kanonen das Wort und nur sie. Und zweierlei müssen sie uns erkämpfen, bevor es zu einem dauernden, ehrlichen Frieden mit England kommen kann.

Zunächst müssen wir von England verlangen, daß es auf den unmöglichen Traum einer absoluten Herrschaft auf dem Meere verzichtet. Die Zeit, wo die englischen Schiffskanonen auf allen Meeren allein geboten, ist vorüber, und dieser Krieg ist ein reaktionärer Versuch des liberalen Fortschrittsstaates England, den Zeiger der Geschichte rückwärts zu drehen. Wie alt ist denn überhaupt dieser Anspruch Englands auf die unbedingte Vorherrschaft zur See? In der ganzen neueren Zeit hat England in Spanien, in Holland, in Frankreich einen gleichwertigen Nebenbuhler zur See gehabt, und erst seit den Napoleonischen Kriegen kann es mit einigem Recht darauf pochen, die Meere zu beherrschen. Für den, der sich an historisches Denken gewöhnt hat, schafft aber auch eine hundertjährige Episode keinen ewigen Rechtszustand. Der Anspruch Englands auf die unbedingte Seeherrschaft mußte ein für alle mal erledigt sein, als fremde Nationen außer England begannen, sich auswärtige Kolonien und einen großen Außenhandel zu schaffen. Jetzt sind die Interessen aller europäischen Großmächte aufs innigste in den Welthandel verflochten und eine Macht ohne überseeische Interessen ist keine volle Großmacht mehr. Auch jetzt noch zu verlangen, daß die englische Seemacht die einzige große Seemacht der Welt sein soll, bedeutet eine unerträgliche Vergewaltigung des gesamten Europas. Wohl können wir England nach seiner geographischen Lage die Ausnahmestellung zubilligen, daß es eine besonders starke und besonders tüchtige Flotte haben muß, aber nie und nimmermehr kann irgend ein souveräner Staat sich die Stärke seiner Seerüstung von England vorschreiben lassen. Auch uns ist es nie eingefallen, aus unserer geographischen Lage im

Zentrum von Europa und der ungewöhnlich schwierigen Gestaltung unsrer Grenzlinien den Anspruch herzuleiten, daß wir nun auch die einzige große Heeresmacht Europas sein müßten. Wenn die englische öffentliche Meinung jetzt mit dem Gedanken spielt, daß in Zentraleuropa ein neues Napoleonisches Reich die Freiheit des Kontinents bedroht, so können wir mit demselben und sehr viel größerem Recht ihr den Vorwurf zurückgeben. Wofür wir kämpfen, ist die offene Tür auf der See, die freie Betätigungsmöglichkeit für den Handel und die Interessen aller Nationen; wir führen in diesem Kampf die Sache Europas gegen den Napoleonischen Druck, den die englische Flotte und englische Interessen auf dem Meere stets ausgeübt haben.

Auf unserer Seite steht weiter nicht nur die Vernunft der Dinge, sondern es fechten für uns sogar die Tatsachen selbst; denn jener Anspruch des englischen Volkes auf unbedingte Vorherrschaft zur See — bei Lichte besehen, existiert er schon jetzt nicht mehr. England mag die größte und stärkste Flotte haben, es mag imstande sein, die deutsche Flotte im Laufe dieses Krieges zu schlagen und zu vernichten, aber die unbedingte Vorherrschaft zur See hat es darum doch nicht. Einst war für die Ruhmredigkeit der öffentlichen Meinung Englands die englische Flotte die einzige wirkliche Macht, die auf den Meeren existieren durfte, mindestens mußte sie so stark sein wie die aller anderen Mächte zusammen. Das verlangt man schon lange nicht mehr. Dann begnügte man sich mit dem Zweimächtestandard, der Forderung, daß England zur See stärker sein sollte als die beiden nächststarken Flotten zusammen; das ist schon viel weniger als die unbedingte Seeherrschaft. Auch diese Forderung braucht heute schon recht fein ausgeklügelte Maßstäbe, um noch als erfüllt gelten zu können, denn die Flotte Deutschlands und der Vereinigten Staaten zusammen übertrifft an Schlachtschiffen die englische bereits. In der jüngsten Vergangenheit wurde man darum noch ein wenig bescheidener und beschloß, die englische Flotte mit der deutschen allein zu vergleichen und dafür nach einem festen Maßstab zu suchen. Weitere Fortschritte der Bescheidenheit sind nicht ausgeschlossen. Und jetzt, wo der Krieg ausgebrochen ist, müssen wir das seltsame Schauspiel erleben, daß die englische Seemacht, die ja einst nach dem ruhmredigen Ausspruch eines hohen englischen Staatsmanns den Deutschen gleichzeitig mit der Kriegserklärung die Todesanzeige ihrer Flotte überreichen sollte, tatenlos in ihren Häfen liegt und den Angriff des Feindes erwartet. Es mögen wichtige und durchaus vernünftige strategische Erwägungen sie dazu veranlassen; aber eine Herrscherrolle sieht wahrlich anders aus!

## 8.

Und noch ein zweites wird dieser Krieg brechen müssen, die unerträgliche puritanische Anmaßung Englands, das erste oder alleinige Kulturvolk dieser Erde zu sein, eine Kultur der Freiheit und Menschlichkeit zu vertreten gegenüber deutscher Gebundenheit und Unfreiheit. Wir wollen gewiß die englische Kultur mit ihren großen Errungenschaften nicht gering achten, wir wollen auch in der freien Gestaltung des Verhältnisses vom Einzelbürger und Staat ein wesentliches Kulturgut sehen. Aber so wie sich unsere Kulturgemeinschaft in langen schweren Kämpfen zu der Klarheit durchgerungen hat, daß es kein einziges absolut bestes Religionsbekenntnis geben kann, sondern daß der Fortschritt gerade auf dem Nebeneinander verschiedener religiöser Ausdrucksformen beruht, so muß es auch auf kulturellem Gebiet sein. Eigentlich sollte diese Erkenntnis seit der romantischen Periode längst zum Gemeingut der Menschheit gehören. Wir gönnen den Engländern den Stolz auf ihre eigene Kultur, aber wir verlangen von ihnen, daß man uns die unsrige nicht schmäht. Wir können eine Kultur nicht für unbedingt überlegen anerkennen, die den Grund und Boden des ganzen Landes seit Jahrhunderten dem Wohlleben und den Sportleidenschaften einer kleinen Minderheit überläßt. Wir halten es nicht für die höhere Kultur, wenn in England es schließlich doch dem Belieben des einzelnen anheimgestellt ist, dem Staatsganzen so viel zu geben, als er persönlich es für richtig hält, wenn im periodischen Wechsel Iren und Ulsterleute, Suffragettes und streikende Arbeiter das Staatsganze tyrannisieren, und jede Minderheit in England ihren Willen durchsetzen kann, wenn sie nur die nötige Skrupellosigkeit besitzt, ihre Ansprüche über das Wohl des Ganzen zu stellen. Wir halten es für keine höhere Kultur, wenn liberaler Doktrinarismus und beschauliche Freude am Wohlleben die Gesamtheit des Volkes dem Waffendienst entwöhnt und die Verteidigung des Vaterlandes in die Hände bezahlter Söldner legt. Wir halten es für wenig vorbildlich, wenn in diesem Lande der König, der nach germanischem Empfinden der Führer sein soll und der Ansporner des nationalen Gewissens, mehr und mehr untüchtig geworden ist, seiner Nation eine Kraft und eine Hilfe zu sein. Es entspricht wahrhaftig nicht unseren Vorstellungen von Kultur, wenn eine Nation gegen ihren Feind zunächst einmal das ganze übrige Europa mobil macht, mit Einschluß der gelben Nation des Ostens, selbst aber seine eigenen Kräfte nur tropfenweise in die Wagschale wirft. Und deutsche Auffassung von Kultur ist es am allerwenigsten, wenn ein Krieg, in dem wir unsre nationale Existenz und unsre Weltmacht verteidigen müssen, von England angesehen wird als ein großes Handelsunternehmen, bei dem man mit möglichst geringen Spesen den größten Handelsgewinn herauszuschlagen versucht. Gewiß, englische Kultur ist etwas anderes als all dies, und auch im höchsten Zorn wollen wir nicht vergessen, was englische Kultur uns gewesen ist, und wollen nicht aufhören zu hoffen, daß sie auch einmal mit deutscher Kultur wieder in innigem Bunde stehen wird. Wogegen wir jetzt kämpfen, ist nicht das große England, das wir lieben und schätzen gelernt haben, sondern das kleine England des nationalen Hochmutes, des niedrigen Krämertums und der puritanischen Heuchelei, das kleine England, gegen dessen Häßlichkeit niemand so hart gekämpft und niemand so laut gescholten hat als die großen Vertreter der englischen Kultur selbst. Wir kämpfen in diesem uns aufgezwungenen Krieg nicht gegen die englische Kultur, sondern gegen die Unkultur, die unter englischer Flagge segelt und gegen den Napoleon der Meere. Wir kämpfen nicht gegen das Volk Shakespeares, Miltons und Carlyles, nicht gegen das Volk, das auswärtigen Ländern europäische Kultur gebracht und selbst am eisigen Südpol die Spuren germanischen Wage- und Opfermuts hinterlassen hat. Aber wir kämpfen gegen den Krämergeist, der die Leichen von tausenden der besten Söhne des Kontinents mit kaltem Zynismus als englischen Nationalprofit bucht. Wir kämpfen gegen den Geist der Heuchelei, der serbische Bombenhelden, marokkanische Rifpiraten und schlitzäugige Mongolen zum Kampf für europäische Gesittung und europäische Freiheit heranführt und unser Volk, das Volk des mehr als vierzigjährigen Friedens, der ganzen Welt als Friedensstörer verlästert. Wir kämpfen gegen den Geist der Überhebung, der aus dem freien völkerbindenden Ozean die argwöhnisch gehütete Domäne einer einzigen Nation zu machen begehrt. In diesem Kampfe fechten wir für den europäischen Fortschritt gegenüber Kulturformen und Ansprüchen der Vergangenheit, drum wird es uns doch gelingen — und wenn die Welt voll Teufel wär!

FSC
www.fsc.org
MIX
Papier | Fördert gute Waldnutzung
FSC® C083411

Zeitfracht Medien GmbH
Ferdinand-Jühlke-Straße 7
99095 Erfurt, Deutschland
produktsicherheit@kolibri360.de